BEI GRIN MACHT SICH IHR WISSEN BEZAHLT

Bibliografische Information der Deutschen Nationalbibliothek:

Die Deutsche Bibliothek verzeichnet diese Publikation in der Deutschen National-bibliografie; detaillierte bibliografische Daten sind im Internet über http://dnb.d-nb.de/ abrufbar.

Dieses Werk sowie alle darin enthaltenen einzelnen Beiträge und Abbildungen sind urheberrechtlich geschützt. Jede Verwertung, die nicht ausdrücklich vom Urheberrechtsschutz zugelassen ist, bedarf der vorherigen Zustimmung des Verla-ges. Das gilt insbesondere für Vervielfältigungen, Bearbeitungen, Übersetzungen, Mikroverfilmungen, Auswertungen durch Datenbanken und für die Einspeicherung und Verarbeitung in elektronische Systeme. Alle Rechte, auch die des auszugsweisen Nachdrucks, der fotomechanischen Wiedergabe (einschließlich Mikrokopie) sowie der Auswertung durch Datenbanken oder ähnliche Einrichtungen, vorbehalten.

Impressum:

Copyright © 2016 GRIN Verlag
Druck und Bindung: Books on Demand GmbH, Norderstedt Germany
ISBN: 9783668789500

Dieses Buch bei GRIN:

https://www.grin.com/document/439322

Vanessa Buhrmester

Einführung in Gröbnerbasen und Anwendungen

GRIN Verlag

GRIN - Your knowledge has value

Der GRIN Verlag publiziert seit 1998 wissenschaftliche Arbeiten von Studenten, Hochschullehrern und anderen Akademikern als eBook und gedrucktes Buch. Die Verlagswebsite www.grin.com ist die ideale Plattform zur Veröffentlichung von Hausarbeiten, Abschlussarbeiten, wissenschaftlichen Aufsätzen, Dissertationen und Fachbüchern.

Besuchen Sie uns im Internet:

http://www.grin.com/

http://www.facebook.com/grincom

http://www.twitter.com/grin_com

Computeralgebra und Kryptografie
Lehrgebiet Algebra,
FernUniversität in Hagen

Einführung in Gröbnerbasen und Anwendungen

von
Vanessa J. Buhrmester

Ettlingen, im Juni 2016

Inhaltsverzeichnis

1 Einleitung

Dieses Praktikum basiert auf Kapitel 21 „Gröbnerbasen" des Werkes „Modern Computer Algebra" von Joachim v. z. Gathen und Jürgen Gerhard, Universität Paderborn. Inhalt sind die von Bruno Buchberger (geb. 1942) begründeten und nach seinem Doktorvater Wolfgang Gröbner benannten Gröbnerbasen samt einer Einführung in die Theorie, Programmierung des Buchberger-Algorithmus und Erläuterung von Anwendungsbeispielen.

Gröbnerbasen sind Erzeugendensysteme von Idealen in mehrdimensionalen Polynomringen $\mathbb{K}[T_1, ..., T_n]$, die besondere Eigenschaften haben. Mit deren Eigenschaften können bestimmte Probleme aus der kommutativen Algebra und der algebraischen Geometrie gelöst werden. Zwei Beispiele für solche Probleme sind das Lösen von simultanen Nullstellengebilden oder das Idealzugehörigkeitsproblem.

In meinem Vortrag führe ich zunächst grundlegende Definitionen ein, erläutere die Division mit Rest von Polynomen in mehreren Veränderlichen und stelle wichtige Sätze, wie den Hilbert'schen Basissatz vor. Damit können schließlich Gröbnerbasen definiert und näher beleuchtet werden. Anschließend nenne ich das Buchberger-Kriterium und zeige, wie man Gröbnerbasen berechnen kann: mit dem Buchberger-Algorithmus. Die Implementierung des Algorithmus und Anwendungsbeispiele runden den Vortrag schließlich ab.

2 Mathematische Grundlagen und das Idealzugehörigkeitsproblem

In diesem Abschnitt werden zunächst Grundlagen definiert:

Betrachten wir einen kommutativen Ring R. Bekanntlich ist dann auch $R[X]$ ein kommutativer Ring. Nun können wir auch den Polynomring $(R[X])[Y]$ bilden, den wir kurz mit $R[X, Y]$ bezeichnen.

Definition 2.1 (Polynomring in mehreren Veränderlichen). *Sei R ein kommutativer Ring. Der Ring $R[T_1, ..., T_n]$ wird der **Polynomring in den Veränderlichen** $T_1, ..., T_n$ über R genannt.*

Wir erinnern uns an ein Ideal in einem Ring und betrachten, wie wir dieses erzeugen können.

Definition 2.2 (Ideal). *Sei R ein Ring, und $I \subseteq R$. I ist ein **Ideal in R**, wenn $(I, +)$ eine Untergruppe von $(R, +)$ ist und wenn gilt:*
(i) $0 \in I$ und

(ii) für alle $a \in I, r \in R$ gilt $ar \in I$ und $ra \in I$.

*Sei weiter $\mathbb{K}$ ein Körper und $R = \mathbb{K}[T_1, ..., T_n]$. Das **Ideal** I **wird von den Polynomen** $f_1, ..., f_s \in R$ **erzeugt**, wenn $I = \langle f_1, ..., f_s \rangle = \{ \sum_{i=1}^{s} q_i f_i \mid q_i \in R \}$.*

Beispiel 2.1. *Sei $R = \mathbb{R}[X, Y]$ und $I = \{ f \in R \mid$ der konstante Term von f ist $0 \}$. Dann ist I ein Ideal in R, wie man leicht überprüfen kann und $I = \langle X, Y \rangle$, denn es hat f die Form $f = aX + bY$ mit $a, b \in \mathbb{R}[X, Y]$.*

Kommen wir nun zu einem bekannten Problem, dem Lösen eines algebraischen Gleichungssystems

$$
\begin{aligned}
f_1(T_1, ..., T_n) &= 0 \\
&\ \vdots \\
f_s(T_1, ..., T_n) &= 0
\end{aligned}
\tag{1}
$$

wobei $f_1, ..., f_s \in R[T_1, ..., T_n]$ und eine oder mehrere Lösungen $T = (T_1, ..., T_n) \in \mathbb{K}^n$ gesucht sind.

Dies führt uns zu folgender Definition:

Definition 2.3 (Affine Varietät). *Wir nennen*

$$
\mathcal{V}(I) = \{ u \in \mathbb{K}^n \mid f_1(u) = ... = f_n(u) = 0 \}
$$

***affine Varietät** des Ideals $I = \langle f_1, ..., f_n \rangle$ und schreiben auch kurz $\mathcal{V}(I) = \mathcal{V}(f_1, ..., f_n)$. Für eine Funktion $f \in \mathbb{K}[T_1, ... T_n]$ wird $\mathcal{V}(f)$ **Nullstellenmenge** genannt.*

Kennen wir $\mathcal{V}(I)$, so haben wir (1) bereits gelöst, sofern $\langle f_1, ..., f_n \rangle$ das Ideal I erzeugt.

Sei also $\langle f_1, ..., f_n \rangle = I$ ein Ideal in $\mathbb{K}[T_1, ... T_n]$. Es ergeben sich nun folgende Fragen:

(i) Wie können wir bestimmen, ob (1) überhaupt eine Lösung hat, d. h. $\mathcal{V}(I) \neq \emptyset$ gilt? (Konsistenzproblem)

(ii) Wie können wir bestimmen, ob $\mathcal{V}(I)$ endlich ist, und wie können wir dann alle Lösungen von (1) berechnen? (Endlichkeitsproblem)

(iii) Wann liegt ein gegebenes $f \in \mathbb{K}[T_1, ... T_n]$ in I? (Idealzugehörigkeitsproblem)

(iv) Wann gilt $\langle f_1, ..., f_s \rangle = \langle g_1, ..., g_t \rangle$? Ist $I = \mathbb{K}[T_1, ... T_n]$? (Idealgleichheitsproblem)

Diese Fragen lassen sich für $n = 1$ relativ einfach beantworten. In der Theorie zur Berechnung von Nullstellen von Polynomen existieren einschlägige Sätze, auf die wir hier aber nicht weiter eingehen wollen.

Um zu überprüfen, ob $f \in I \subseteq \mathbb{K}[T]$, benutzen wir die Tatsache, dass $\mathbb{K}[T]$ Hauptidealring ist und folglich ein $g \in \mathbb{K}[T]$ existiert, sodass $I = \langle g \rangle$ gilt. Wir schreiben nun $f = qg + r$ für zwei Polynome q und r, wobei $\deg(f) > \deg(r)$. Zwei Ideale sind gleich, wenn sie bis auf skalare Vielfache dasselbe erzeugende Element haben, folglich liegt f genau dann in I, wenn r verschwindet. Weiterhin ist $I = \mathbb{K}[T]$ genau dann, wenn $g \in \mathbb{K} \setminus \{0\}$.

Für $n > 1$ ist jedoch $\mathbb{K}[T_1, ...T_n]$ i. A. kein Hauptidealring. Ferner benötigen wir nun eine Polynomdivision mit Rest für Polynome in mehreren Veränderlichen, die sich nicht so einfach aus dem Eindimensionalen übertragen lässt.

Gelingt es, (iii) und (iv) zu lösen, so lässt sich auch mit (i) und (ii) einfacher umgehen, unser Ziel wird jedoch sein, die letzten beiden Fragen zu beantworten.

3 Divison von Polynomen aus $R[T_1, ..., T_n]$ mit Rest

Bevor wir zur verallgemeinerten Polynomdivision kommen, führen wir noch ein paar Bezeichnungen ein:

3.1 Monomordnungen

Definition 3.1. *Es sei $p \in \mathbb{K}[T_1, ..., T_n]$ gegeben durch $p(T_1, ..., T_n) = \sum\limits_{i=1}^{n} a_i T_1^{\beta_{i1}} \cdots T_n^{\beta_{in}}$.*

*(i) Das Polynom p ist die Summe sogenannter **Terme** $aT_1^{\beta_1} \cdots T_n^{\beta_n}$, wobei $a \in \mathbb{K} \setminus \{0\}$ und $\beta_i \in \mathbb{N}_0$.*

*(ii) Dabei wird $\tau^{\beta} = T_1^{\beta_1} \cdots T_n^{\beta_n}$ **Monom** genannt und $\beta = (\beta_1, ..., \beta_n) \in \mathbb{N}_0^n$.*

*(iii) Die **Menge der Monome** bezeichnen wir mit*

$$\mathbb{T}^n = \{T_1^{\beta_1} \cdots T_n^{\beta_n} \mid \beta_i \in \mathbb{N}_0 \text{ für alle } 1 \leq i \leq n\}.$$

Mit diesen Bezeichnungen können wir p auch als $p = \sum\limits_{\beta \in \mathbb{N}_0} c_\beta \tau^\beta \in \mathbb{K}[T_1, ..., T_n]$ schreiben, wobei $c_\beta \in \mathbb{K}$.

Im Hinblick auf einen Divisionsalgorithmus ergibt sich die Frage, wie wir Monome in $\mathbb{T}^n$ ihrer Größe nach sortieren können. Im eindimensionalen Fall wird das Polynom bekanntlich nach dem Grad seiner Terme geordnet. Auch im $n-$dimensionalen Fall ist vermutlich klar, dass $T^3 > T^2$ gelten sollte, da $\deg(T^3) > \deg(T^2)$. Weniger eindeutig ist dagegen, ob $XYZ^2 > Y^4$ gilt oder umgekehrt. Um dies festzulegen, führen wir Ordnungsrelationen ein.

Definition 3.2 (Ordnungsrelation). *Eine **Totalordnung** $\prec$ auf einer Menge S ist eine Ordnungsrelation, sodass für alle $a, b, c \in S$ gilt:*
  (i) Es gilt genau eine der Relationen $a \prec b$ oder $b \prec a$ oder $a = b$.
  (ii) Aus $a \prec b$ und $b \prec c$ folgt, dass $a \prec c$.
*Eine **Monomordnung** auf $\mathbb{T}^n$ ist eine Totalordnung $\prec$, für die zusätzlich gilt:*
  (i) Es ist $1 \prec \tau^\beta$ für alle $\tau^\beta \in \mathbb{T}^n \setminus \{1\}$.
  (ii) Ist $\tau^\alpha \prec \tau^\beta$, so gilt $\tau^\alpha \tau^\gamma \prec \tau^\beta \tau^\gamma$ für alle $\tau^\gamma \in \mathbb{T}^n$.

Definition 3.3. *Sei $p = \sum\limits_{\beta \in \mathbb{N}_0} c_\beta \tau^\beta \in \mathbb{K}[T_1, ..., T_n]$, wobei $c_\beta \in \mathbb{K}$ und $\prec$ eine Monomordnung auf $\mathbb{T}^n$ sei.*
  *(i) Jedes $c_\beta \tau^\beta$ mit $c_\beta \neq 0$ wird **Term** von p genannt.*
  *(ii) Dasjenige $\beta \in \mathbb{N}_0$, für das ein Term $c_\beta \tau^\beta$ von p und das Monom τ^β bezüglich $\prec$ maximal ist, wird **Multigrad** genannt und mit $\operatorname{mdeg}(p)$ bezeichnet.*
  *(iii) Der **Totalgrad** tdeg eines Monoms wird bestimmt durch $\operatorname{tdeg}(\tau^\beta) = \sum\limits_{i=1}^{n} \beta_i$.*
  *(iv) Der **Leitkoeffizient** $\operatorname{lc}(p)$ von p ist $\operatorname{lc}(p) = c_{\operatorname{megd}(p)} \in \mathbb{K} \setminus \{0\}$.*
  *(v) Das **Leitmonom** $\operatorname{lm}(p)$ von p ist $\operatorname{lm}(p) = \tau^{\operatorname{megd}(p)} \in \mathbb{T}^n$.*
  *(vi) Der **Leitterm** $\operatorname{lt}(p)$ von p ist $\operatorname{lt}(p) = \operatorname{lc}(p) \cdot \operatorname{lm}(p) \in \mathbb{K}[T_1, ..., T_n]$.*

Wir haben nun gesehen, welche Eigenschaften Monomordnungen erfüllen müssen und geben im Folgenden drei gängige Beispiele für diese an.

Definition 3.4. *Seien $\tau^\beta = T_1^{\beta_1} \cdots T_n^{\beta_n}$ und $\tau^\alpha = T_1^{\alpha_1} \cdots T_n^{\alpha_n} \in \mathbb{T}^n$, mit $\beta = (\beta_1, ..., \beta_n)$ und $\alpha = (\alpha_1, ..., \alpha_n) \in \mathbb{N}_0^n$.*
  *(i) **Lexiografische Ordnung:***
   Es ist $\tau^\alpha \prec_{lex} \tau^\beta \iff$ der erste von 0 verschiedene Eintrag in $\alpha - \beta$ ist kleiner als 0.
  *(ii) **Grad-lexiografische Ordnung:***
   Es ist $\tau^\alpha \prec_{grlex} \tau^\beta \iff \operatorname{tdeg}(\tau^\alpha) \leq \operatorname{tdeg}(\tau^\beta)$ und $\tau^\alpha \prec_{lex} \tau^\beta$.
  *(iii) **Grad-reverslexiografische Ordnung:***
   Es ist $\tau^\alpha \prec_{grevlex} \tau^\beta \iff \operatorname{tdeg}(\tau^\alpha) \leq \operatorname{tdeg}(\tau^\beta)$ und der letzte von 0 verschiedene Eintrag in $\alpha - \beta$ ist größer als 0.

Mit Hilfe einer dieser Monomordnungen $\prec$ können wir die Terme eines Polynoms sortieren und anschließend einer verallgemeinerten Polynomdivision unterziehen. Bevor wir damit starten, betrachten wir noch ein Beispiel.

Beispiel 3.1. *Wir möchten $f = 4XYZ^2 + 4X^3 - 5Y^4 + 7XY^2Z \in \mathbb{Q}[X, Y, Z]$ bezüglich der Monomordnungen von Definition 3.4 sortieren.*
  (i) Bzgl. $\prec_{lex}$ gilt: $f = 4X^3 + 7XY^2Z + 4XYZ^2 - 5Y^4$.
   Weiter gilt $\operatorname{mdeg}(f) = (3, 0, 0), \operatorname{lc}(f) = 4, \operatorname{lm}(f) = X^3, \operatorname{lt}(f) = 4X^3$.
  (ii) Bzgl. $\prec_{grlex}$ gilt: $f = 7XY^2Z + 4XYZ^2 - 5Y^4 + 4X^3$.
   Weiter gilt $\operatorname{mdeg}(f) = (1, 2, 1), \operatorname{lc}(f) = 7, \operatorname{lm}(f) = XY^2Z, \operatorname{lt}(f) = 7XY^2Z$.

(iii) Bzgl. $\prec_{grevlex}$ gilt: $f = -5Y^4 + 7XY^2Z + 4XYZ^2 + 4X^3$.
Weiter gilt $\mathrm{mdeg}(f) = (0, 4, 0), \mathrm{lc}(f) = -5, \mathrm{lm}(f) = Y^4, \mathrm{lt}(f) = -5Y^4$.

3.2 Divisionsalgorithmus

Nun haben wir alle Werkzeuge zusammen, um den Divisionsalgorithmus mit Rest für Polynome in mehreren Veränderlichen oder kurz die verallgemeinerte Polynomdivision durchzuführen:

Gegeben seien Polynome $0 \neq f, f_1, ..., f_s \in \mathbb{K}[T_1, ..., T_n]$, $s \in \mathbb{N}$, die Anzahl der verschiedenen Teiler, sowie eine Monomordnung $\prec$. Gesucht sind Polynome $q_1, ..., q_s$ und $r \in \mathbb{K}[T_1, ..., T_n]$ mit der Darstellung

$$f = q_1 f_1 + ... + q_s f_s + r, \tag{2}$$

dabei ist keiner der Leitterme der f_i ein Teiler eines Terms vom Rest r, für $i \in \{1, ..., s\}$.

Beispiel 3.2. *Sei $f = X^2Y + XY^2 + Y^2, f_1 = XY - 1, f_2 = Y^2 - 1$ und die Monomordnung $\prec_{lex}$ vorgegeben. Gesucht ist die Darstellung (2), wobei $s = 2$ gilt.*

Die Funktionsterme sind bereits alle entsprechend $\prec_{lex}$ geordnet. Wie bei der bekannten Polynomdivision mit Rest in $\mathbb{K}[T]$ teilen wir zunächst den Leitterm von f durch den von f_1 und multiplizieren das Ergebnis dann mit f_1. Anschließend folgt die Subtraktion von f und das Ganze beginnt von vorne.

$$
\begin{array}{l}
(X^2Y + XY^2 + Y^2) : (XY - 1) = X + Y... \\
\underline{-(X^2Y - X)} \\
\quad XY^2 + X + Y^2 \\
\quad \underline{-(XY^2 - Y)} \\
\qquad X + Y^2 + Y
\end{array}
$$

An dieser Stelle kann der Leitterm X nicht weiter durch $\mathrm{lt}(f_1) = XY$, aber auch nicht durch $\mathrm{lt}(f_2) = Y^2$ geteilt werden. Wir streichen unser X und notieren es als Rest $r := X$, sowie $q_1 = X + Y$. Nun erhalten wir als neuen Leitterm Y^2. Dieser ist durch $\mathrm{lt}(f_2)$ teilbar:

$$
\begin{array}{l}
(Y^2 + Y) : (Y^2 - 1) = 1... \\
\underline{-(Y^2 - 1)} \\
\quad Y + 1
\end{array}
$$

$Y + 1$ kann nicht weiter geteilt werden und wird zum Rest r addiert: $r := r + Y + 1 = X + Y + 1, q_2 := 1$ gesetzt. Wir sind am Ende unserer Division angelangt und erhalten die Darstellung

$$f = (X + Y)f_1 + 1 \cdot f_2 + (X + Y + 1).$$

Im Gegensatz zur Divison mit Rest in $\mathbb{K}[T]$ ist diese Darstellung im mehrdimensionalen Fall nicht eindeutig, sofern wir mehrere Teiler haben. Denn in Zeile 3 unserer schriftlichen Division hätten wir $XY^2 + X + Y^2$ auch durch $\mathrm{lt}(f_2) = Y^2$ teilen können. Dann wären wir auf folgendes Resultat gekommen:

$$f = X \cdot f_1 + (X + 1)f_2 + (2X + 1).$$

Entscheidend für unser Ergebnis ist daher neben der gewählten Monomordnung, in welcher Reihenfolge wir die Teiler ordnen und ob wir die Reihenfolge während der Divsion ändern oder nicht. Im folgenden Algorithmus werden die Teiler nummeriert eingegeben und dann stets durch den kleinstmöglichen Teiler-Leitterm geteilt. Diese Methode garantiert, dass bei wiederholten Anwendungen bei gleicher Eingabe keine unterschiedlichen Ergebnisse herauskommen können, der Algorithmus ist daher deterministisch. Dennoch ist das Ergebnis der verallgemeinerten Polynomdivision von der Reihenfolge der Eingabe abhängig und die Darstellung (2) i. A. nicht eindeutig.

Algorithmus 3.1 (Division mit Rest in mehreren Veränderlichen).

Eingabe: *Polynome $0 \neq f, f_1, ..., f_s \in \mathbb{K}[T_1, ..., T_n]$ und eine Monomordnung $\prec$.*

Ausgabe: *Polynome $q_1, ..., q_s$ und $r \in \mathbb{K}[T_1, ..., T_n]$ mit $f = q_1 f_1 + ... + q_s f_s + r$, wobei keiner der Leitterme der f_i ein Teiler von r ist, für $i \in \{1, ..., s\}$.*

1. *(Initialisierung) Setze $r := 0$, $p := f$, $q_i := 0 \; \forall \, i = 1, ..., s$.*
2. *Solange $p \neq 0$ führe durch:*
3. ***if*** *f_i teilt $\mathrm{lt}(p)$ für ein $i \in \{1, ..., s\}$*
    then *setze $k := \min\{i \mid f_i \text{ teilt } \mathrm{lt}(p)\}$ und $q_k := q_k + \frac{\mathrm{lt}(p)}{\mathrm{lt}(f_k)}$ und $p := p - \mathrm{lt}(p)$*
    else *setze $r := r + \mathrm{lt}(p)$ und $p := p - \mathrm{lt}(p)$.*
4. *Gib $q_1, ..., q_s, r$ aus.*

Im Anhang findet sich eine mit dem Computer-Algebra-System Maple programmierte Prozedur, die die verallgemeinerte Polynomdivision berechnet.

4 Gröbnerbasen und ihre Berechnung

Wie wir in Abschnitt 2 gesehen haben, fordert das Lösen eines algebraischen Gleichungssystems (1) und ebenso des Idealzugehörigkeitsproblems eine Bedingung an den Rest r. Führen wir den Algorithmus 3.1 durch und erhalten $r = 0$ so gilt $f \in \langle f_1, ..., f_n \rangle$.
Die Umkehrung gilt allerdings nicht, denn falls $r \neq 0$ ändern wir einfach die Reihenfolge der Teiler f_i bei der Eingabe und erhalten i. A. einen anderen Rest, möglicherweise auch $r = 0$. Dann wäre aber $f \in \langle f_1, ..., f_n \rangle$, ein Widerspruch.

4.1 Monomideale

Wenn es uns gelänge, ein spezielles Erzeugendensystem $(f_1, ..., f_n)$ zu finden, bei dem die Division mit Rest eindeutig wäre, würde dies bedeuten, dass wir unabhängig von der Reihenfolge der Teiler f_i stets die gleiche Darstellung (2) erhalten würden, also auch einen eindeutigen Rest r. Solch ein Erzeugendensystem existiert tatsächlich: Die sogenannte Gröbnerbasis.
Bevor wir Gröbnerbasen definieren, benötigen wir noch ein spezielles Monomideal.

Definition 4.1 (Monomideal). *Sei* $I \neq \{0\}$ *ein Ideal in* $\mathbb{K}[T_1, ..., T_n]$ *und* $G \subseteq I$.
Hat I *die Form* $I = \langle \tau^\alpha \mid \alpha \in A \subseteq \mathbb{N}_0^n \rangle$, *so heißt es* **Monomideal**.
Wir nennen $\mathrm{lt}(G) = \{c\tau^\alpha \mid \text{ es existiert ein } f \in G \text{ mit } \mathrm{lt}(f) = c\tau^\alpha\}$ **Menge der Leit-terme** *von Polynomen in* G.
Das Ideal $\langle \mathrm{lt}(I) \rangle$ *wird das* **Leittermideal** *von* I *genannt.*

Proposition 4.1. *Sei* $\langle f_1, ..., f_s \rangle = I \neq \{0\}$ *ein Ideal in* $\mathbb{K}[T_1, ..., T_n]$. *Dann gilt:*
(i)
$$\langle \mathrm{lt}(I) \rangle = \langle \mathrm{lm}(I) \rangle. \tag{3}$$

   Damit ist das Leittermideal ein Monomideal.
(ii)
$$\langle \mathrm{lt}(f_1), ..., \mathrm{lt}(f_s) \rangle \subseteq \langle \mathrm{lt}(I) \rangle. \tag{4}$$

Beweis.
(i) Da $I \neq \{0\}$ erzeugen $\langle \mathrm{lt}(I) \rangle$ und $\langle \mathrm{lm}(I) \rangle$ dasselbe Ideal, nämlich $\langle \mathrm{lt}(I) \rangle = \langle \mathrm{lm}(I) \rangle = \{c\tau^\alpha \mid \text{ es existiert ein } f \in G \text{ mit } \mathrm{lm}(f) = c\tau^\alpha\}$.
(ii) Für $1 \leq i \leq s$ liegt jeder Leitterm $\mathrm{lt}(f_i)$ in $\langle \mathrm{lt}(I) \rangle$. Es folgt, dass auch das Erzeugnis $\langle \mathrm{lt}(f_1), ..., \mathrm{lt}(f_s) \rangle \subseteq \langle \mathrm{lt}(I) \rangle$ ist.
$\square$

Lemma 4.1. *Sei* $I = \langle \tau^\alpha \mid \alpha \in A \subseteq \mathbb{N}_0^n \rangle$ *ein Monomideal und* $\beta \in \mathbb{N}_0^n$. *Dann gilt*

$$\tau^\beta \in I \iff \text{ es gibt ein } \alpha \in A \text{ mit } \tau^\alpha \mid \tau^\beta. \tag{5}$$

Beweis. Falls es ein $\alpha \in A$ gibt mit $\tau^\alpha \mid \tau^\beta \Longrightarrow c \cdot \tau^\alpha = \tau^\beta \Longrightarrow \tau^\beta \in I$.
Sei umgekehrt $\tau^\beta \in I$. Dann gibt es eine Darstellung $\tau^\beta = \sum_{i=1}^n q_i \tau^{\alpha_i}$. Für jeden Term $q_i \tau^{\alpha_i}$ gibt es ein $\alpha \in A$, sodass $\tau^\alpha \mid q_i \tau^{\alpha_i}$. In mindestens einem Term $q_i \tau^{\alpha_i}$ muss aber auch τ^β auftreten, da die verschiedenen τ^{α_i} linear unabhängig sind. Für ein $i \in \{1, ..., n\}$ gilt daher $\tau^\beta = \tau^{\alpha_i}$ und es folgt $\tau^\alpha \mid \tau^\beta$.
$\square$

Lemma 4.2 (Lemma von Dickson). *Jedes Monomideal* $I = \langle \tau^\alpha \mid \alpha \in A \subseteq \mathbb{N}_0^n \rangle$ *in* $\mathbb{K}[T_1, ..., T_n]$ *wird von einer endlichen Menge Monome erzeugt. Genauer, es existiert für jedes* $A \subseteq \mathbb{N}_0^n$ *eine endliche Teilmenge* $B \subseteq A$, *sodass gilt:* $\langle \tau^\alpha \mid \alpha \in A \rangle = \langle \tau^\beta \mid \beta \in B \rangle$.

Ein Beweis findet sich in [1], S. 602.

Lemma 4.3. *Sei I ein Ideal in $\mathbb{K}[T_1, ..., T_n]$ und $G \subseteq I$ eine endliche Teilmenge von I, sodass $\langle \mathrm{lt}(G) \rangle = \langle \mathrm{lt}(I) \rangle$. Daraus folgt $\langle G \rangle = I$.*

Beweis. Sei $G = \{g_1, ..., g_s\}$ und $f \in I$. Division mit Rest ergibt $f = q_1 g_1 + ... + q_s g_s + r$, wobei kein Leitterm von $g_i, i \in \{1, ..., s\}$ einen Term von r teilt. Angenommen es gilt $r \neq 0$. Es ist $f - q_1 g_1 - ... - q_s g_s = r \in I$. Daher liegt $\mathrm{lt}(r)$ in $\mathrm{lt}(I)$, der Menge der Leitterme des Ideals. Wegen der Voraussetzung gilt $\mathrm{lt}(I) \subseteq \langle \mathrm{lt}(g_1), ..., \mathrm{lt}(g_s) \rangle$, also gilt $\mathrm{lt}(r) \in \langle \mathrm{lt}(g_1), ..., \mathrm{lt}(g_s) \rangle$. Lemma 4.1 besagt aber, dass einer der Leitterme $\mathrm{lt}(g_i)$ für ein $1 \leq i \leq s$ den Leitterm $\mathrm{lt}(r)$ teilt. Dies widerspricht der Voraussetzung, dass kein Term von r solch einen Teiler besitzt. Daher muss $r = 0$ sein, was $f \in \langle g_1, ..., g_s \rangle = \langle G \rangle$ impliziert. Da f beliebig aus I gewählt worden ist und $G \subseteq I$ vorausgesetzt, folgt $\langle G \rangle = I$.

$\square$

Satz 4.1 (Hilbert'scher Basissatz). *Jedes Ideal in $R = \mathbb{K}[T_1, ..., T_n]$ ist endlich erzeugt, d. h. es gibt eine endliche Teilmenge $G \subseteq I$, sodass $\langle G \rangle = I$ und $\langle \mathrm{lt}(G) \rangle = \langle \mathrm{lt}(I) \rangle$.*

Beweis. Falls $I = \{0\}$, ist $G = \langle 0 \rangle$ endlich erzeugt. Sei nun $I \neq \{0\}$. Wenden wir das Lemma von Dickson 4.2 auf $\langle \mathrm{lt}(I) \rangle$ an, so ergibt sich $\langle \mathrm{lt}(I) \rangle = \langle \mathrm{lt}(G) \rangle$. Mit Lemma 4.3 folgt schließlich noch $\langle G \rangle = I$.

$\square$

4.2 Gröbnerbasen

Damit ist also jedes Ideal von endlich vielen Polynomen erzeugt, doch aus dem Bisherigen geht nicht direkt hervor, wie wir so ein endliches Erzeugendensystem konstruieren können. Dies wollen wir in den nächsten beiden Abschnitten erreichen. Und wir werden sogar ganz besondere Erzeugendensysteme berechnen: Gilt in (4) Gleichheit, so liegt eines vor.

Definition 4.2 (Gröbnerbasis). *Gegeben sei ein Ideal $I \neq \{0\}$ in $\mathbb{K}[T_1, ..., T_n]$ und eine Monomordnung $\prec$ auf $\mathbb{K}[T_1, ..., T_n]$. Ein endliches System $(g_1, ..., g_t)$ von Polynomen in I heißt **Gröbnerbasis** von I, wenn gilt:*

$$\langle \mathrm{lt}(g_1), ..., \mathrm{lt}(g_t) \rangle = \langle \mathrm{lt}(I) \rangle. \tag{6}$$

Jetzt wissen wir, was eine Gröbnerbasis ist. Das Schöne daran ist, dass es zu jedem Ideal eine gibt und dass wir diese auch bestimmen können.

Satz 4.2. *Jedes Ideal $I \neq \{0\}$ in $\mathbb{K}[T_1, ..., T_n]$ besitzt eine Gröbnerbasis und jede Gröbnerbasis von I ist ein Erzeugendensystem von I.*

Beweis. Sei $I \neq \{0\}$ und $\mathcal{G}$ Gröbnerbasis von I. Damit sind die Voraussetzungen von Lemma 4.3 erfüllt und es gilt $\langle \mathcal{G} \rangle = I$. Insbesondere ist also $\mathcal{G}$ ein Erzeugendensystem von I.
Weiterhin folgt aus dem Hilbert'schen Basissatz 4.1, dass es endlich viele Polynome $g_1, ..., g_t$ in I gibt mit $\mathcal{G} = (g_1, ..., g_t) \subseteq I$, sodass $\langle \mathrm{lt}(I) \rangle = \langle \mathrm{lt}(\mathcal{G}) \rangle = \langle \mathrm{lt}(g_1), ..., \mathrm{lt}(g_t) \rangle$. Damit ist $\mathcal{G}$ eine Gröbnerbasis von I.

$\square$

Proposition 4.2. *Sei $\mathcal{G} = (g_1, ..., g_t)$ eine Gröbnerbasis eines Ideals I und $f \in \mathbb{K}[T_1, ..., T_n]$. Bei der verallgemeinerten Polynomdivision von f durch $g_1, ..., g_t$ gibt es einen eindeutigen Rest $r \in \mathbb{K}[T_1, ..., T_n]$, wobei*
(i) kein Term von r durch einen der Leitterme $\mathrm{lt}(g_1), ..., \mathrm{lt}(g_t)$ geteilt wird und
(ii) es gilt $f = g + r$ für ein $g \in I$.

Beweis.
Existenz von r: Der Divisionsalgorithmus 3.1 mit Rest ergibt $f = q_1 g_q + ... + q_t g_t + r$ und (i) muss gelten. Mit $g = q_1 g_q + ... + q_t g_t$ ist auch (ii) erfüllt.

Eindeutigkeit von r: Sei $f = g + r = g' + r'$, wobei $g, g' \in I$ und $r \neq r'$ gilt, sowie (i) von r und r' erfüllt wird. Da $r - r' = g' - g \in I$, folgern wir, dass $\mathrm{lt}(r - r') \in \langle \mathrm{lt}(I) \rangle$. Da $\mathcal{G}$ eine Gröbnerbasis ist, ist $\langle \mathrm{lt}(I) \rangle = \langle \mathrm{lt}(g_1), ..., \mathrm{lt}(g_t) \rangle$, d. h. $\mathrm{lt}(r - r') \in \langle \mathrm{lt}(g_1), ..., \mathrm{lt}(g_t) \rangle$. Lemma 4.1 besagt dann, dass einer der Leitterme $\mathrm{lt}(g_i)$ für ein $1 \leq i \leq t$ den Leitterm $\mathrm{lt}(r - r')$ teilt. Dies widerspricht der Eigenschaft (i), da kein Term von r und r' solch einen Teiler besitzt. Es muss folglich $r = r'$ gelten. $\square$

Diesen speziellen eindeutigen Rest r bezeichnen wir ab sofort mit $r = f\mathrm{rem}(\mathcal{G})$.
Aus Proposition 4.2 erhalten wir folgende Aussage:

Korollar 4.1. *Sei $\mathcal{G}$ eine Gröbnerbasis eines Ideals I in $\mathbb{K}[T_1, ..., T_n]$ und sei $f \in \mathbb{K}[T_1, ..., T_n]$. Es gilt*

$$f \in I \iff f\mathrm{rem}(\mathcal{G}) = 0. \tag{7}$$

4.3 Der Algorithmus von Buchberger

Mit Hilfe von (7) gelingt es uns, das Idealzugehörigkeitsproblem zu lösen, sofern wir eine Gröbnerbasis von I vorliegen haben. Um zu überprüfen, ob dies der Fall ist, kann man das Buchberger-Kriterium anwenden. Hierfür benötigen wir zuerst noch die Definition des S-Polynoms.

Definition 4.3. *Seien $f, g \in \mathbb{K}[T_1, ..., T_n]$ beide ungleich dem Nullpolynom.*
*(i) Sei $\gamma = (\gamma_1, ..., \gamma_n)$ mit $\gamma_i = \max(\mathrm{mdeg}(f_i), \mathrm{mdeg}(g_i))$ für alle $1 \leq i \leq n$. Wir nennen τ^γ **kleinstes gemeinsames Vielfaches** der Leitmonome $\mathrm{lm}(f)$ und $\mathrm{lm}(g)$.*

*(ii) Das **S-Polynom** von f und g ist definiert durch*

$$S(f,g) = \frac{\tau^{\gamma}}{\mathrm{lt}(f)} \cdot f - \frac{\tau^{\gamma}}{\mathrm{lt}(g)} \cdot g. \tag{8}$$

Satz 4.3 (Buchberger-Kriterium). *Ein endliches System $\mathcal{G} = (g_1, ..., g_t)$ von Polynomen in $\mathbb{K}[T_1, ..., T_n]$ ist genau dann eine Gröbnerbasis von $I = \langle g_1, ..., g_t \rangle$, wenn für alle $1 \leq i < j \leq t$ gilt:*

$$S(g_i, g_j)\mathrm{rem}(\mathcal{G}) = 0. \tag{9}$$

Zum Beweis verweisen wir auf die Literatur (siehe [1], S. 607 f.).

Beispiel 4.1. *Gegeben sei ein verdrehter Quader $\mathcal{C} = \{(a, a^2, a^3) \mid a \in \mathbb{R}^3\} = \mathcal{V}(\mathcal{G}) \subset \mathbb{R}^3$ durch $\mathcal{G} = \{Y - X^2, Z - X^3\}$. $\mathcal{C}$ ist der Schnittpunkt der zwei zylindrischen Oberflächen $\mathcal{V}(Y - X^2)$ und $\mathcal{V}(Z - X^3)$.*
Wir setzen $g_1 = Y - X^2$ und $g_2 = Z - X^3$ und berechnen nun $S(g_1, g_2)\mathrm{rem}(\mathcal{G})$ bezüglich der Monomordnung $\prec_{lex}$, wobei wir auch annehmen, dass $X \prec Z \prec Y$.
Es ist $\mathrm{mdeg}(g_1) = (1, 0, 0)$ und $\mathrm{mdeg}(g_2) = (0, 1, 0)$, folglich ist $\gamma = (1, 1, 0)$ und damit $\tau^{\gamma} = YZ$. Außerdem gilt $\mathrm{lt}(g_1) = Y$ und $\mathrm{lt}(g_2) = Z$. Damit erhalten wir

$$S(g_1, g_2) = \frac{\tau^{\gamma}}{\mathrm{lt}(g_1)} \cdot g_1 - \frac{\tau^{\gamma}}{\mathrm{lt}(g_2)} \cdot g_2 = -ZX^2 + YX^3.$$

Sortieren bzgl. Monomordnung und Polynomdivision durch g_1 und g_2 ergeben

$$S(g_1, g_2) = YX^3 - ZX^2 = X^3(Y - X^2) + (-X^2)(Z - X^3) + 0$$

$$\Longrightarrow S(g_1, g_2)\mathrm{rem}(\mathcal{G}) = 0.$$

Damit ist $\mathcal{G}$ eine Gröbnerbasis des Ideals $I = \langle \mathcal{G} \rangle$.

Mit dem Buchberger-Kriterium können wir überprüfen, ob das gegebene endliche Erzeugnis eines Ideals bereits eine Gröbnerbasis bildet. Falls dies nicht der Fall ist, wäre es wünschenswert, dieses Erzeugendensystem zu einer Gröbnerbasis zu ergänzen. Dies leistet der Buchberger-Algorithmus. In diesem werden die auftretenden, von Null verschiedenen Reste $S(g_i, g_j)\mathrm{rem}(\mathcal{G})$, zur Basis hinzugenommen, solange bis alle erforderlichen Reste schließlich (9) erfüllen.

Beispiel 4.2 (Buchberger-Kriterium und -Algorithmus).
Gegeben sei $f_1 = XY - X$ und $f_2 = X^2 - Y$ in $\mathbb{Q}[X, Y]$ mit der Monomordnung $\prec_{grlex}$.
Es ist $\mathrm{mdeg}(f_1) = \alpha = (1, 1), \mathrm{mdeg}(f_2) = \beta = (2, 0) \Longrightarrow \gamma = (2, 1) \Longrightarrow \tau^{\gamma} = X^2Y$.
Daher gilt $S(f_1, f_2) = Xf_1 - Yf_2 = -X^2 + Y^2$.

Polynomdivision ergibt $S(f_1, f_2) = -f_2 + Y^2 - Y \Longrightarrow S(f_1, f_2)\mathrm{rem}(\mathcal{G}) = Y^2 - Y \neq 0$.
Damit ist (f_1, f_2) keine Gröbnerbasis.

Wir setzen $f_3 := S(f_1, f_2)\mathrm{rem}(\mathcal{G}) = Y^2 - Y$ und betrachten $\mathcal{G}' := (f_1, f_2, f_3)$.
Damit erreichen wir, dass $S(f_1, f_2)\mathrm{rem}(\mathcal{G}') = 0$ ist.
Wir berechnen $S(f_1, f_3) = Y f_1 - X f_3 = 0$ und $S(f_2, f_3) = Y^2 f_1 - X^2 f_3 = X^2 Y - Y^3 = Y f_2 - Y f_3$ und erhalten $S(f_1, f_3)\mathrm{rem}(\mathcal{G}') = 0 = S(f_2, f_3)\mathrm{rem}(\mathcal{G}')$.
Es folgt, dass $\mathcal{G}'$ eine Gröbnerbasis ist.

Algorithmus 4.1 (Buchberger-Algorithmus).
Eingabe: *Ein System von Polynomen $\mathcal{F} = (f_1, ..., f_s)$ in $\mathbb{K}[T_1, ..., T_n]$ und eine Monomordnung $\prec$.*

Ausgabe: *Eine Gröbnerbasis $\mathcal{G}$ von $I = \langle f_1, ..., f_s \rangle$ bzgl. $\prec$, wobei $\mathcal{F} \subset \mathcal{G}$.*

1. *(Initialisierung) Setze $\mathcal{G} := \mathcal{F}$*
2. **repeat**
    $\mathcal{G}' := \mathcal{G};$
3.   **for** *alle $p, q \in \mathcal{G}'$ mit $p \neq q$* **do**
            $S := S(p, q)\mathrm{rem}(\mathcal{G}');$
4.   **if** $S \neq 0$ **then** $\mathcal{G}' := \mathcal{G}' \cup \{S\}$
    until $\mathcal{G} = \mathcal{G}';$
5. **return** $\mathcal{G};$

Eine mit Maple programmierte Prozedur, die Gröbnerbasen berechnet, befindet sich im Anhang.

4.4 Reduzierte Gröbnerbasen

Um Gröbnerbasen so klein wie möglich zu halten, kann man überflüssige Polynome entfernen. Überflüssig ist ein Polynom $p \in \mathcal{G}$ genau dann, wenn $\mathrm{lt}(p) \in \langle \mathrm{lt}(\mathcal{G} \setminus \{p\}) \rangle$ gilt, denn dann ist bereits $\mathcal{G} \setminus \{p\}$ eine Gröbnerbasis. Wir können daher Folgendes definieren:

Definition 4.4 (Minimale Gröbnernbasis). *Eine **minimale Gröbnerbasis** eines Ideals $I \subseteq \mathbb{K}[T_1, ..., T_n]$ ist eine Gröbnerbasis von I, für die gilt:*
(i) $\mathrm{lc}(p) = 1$ für alle $p \in \mathcal{G}$ und
(ii) für alle $p \in \mathcal{G}$ gilt $\mathrm{lt}(p) \notin \langle \mathrm{lt}(\mathcal{G} \setminus \{p\}) \rangle$.
*Eine minimale Gröbnerbasis heißt **reduzierte Gröbnerbasis** von I, wenn für alle $p \in \mathcal{G}$ kein Monom von p in $\langle \mathrm{lt}(\mathcal{G} \setminus \{p\}) \rangle$ liegt.*

Satz 4.4. *Jedes Ideal $I \subseteq \mathbb{K}[T_1, ..., T_n]$ mit $I \neq \emptyset$ hat (zu einer fest bestimmten Monomordnung) eine eindeutig bestimmte reduzierte Gröbnerbasis.*

Zum Beweis verweisen wir auf die Literatur (siehe [1], S. 611).

Ein Ideal kann zwar viele minimale Gröbnerbasen haben, jedoch nur eine reduzierte. Damit lässt sich das Ideal-Gleichheitsproblem lösen:

Korollar 4.2. *Zwei Ideale* $\langle g_1, ..., g_t \rangle$ *und* $\langle f_1, ..., f_s \rangle$ *in* $\mathbb{K}[T_1, ..., T_n]$ *sind genau dann gleich, wenn sie dieselbe reduzierte Gröbnerbasis besitzen.*

5 Zusammenfassung

Unser Ziel war es, sowohl das Idealzugehörigkeitsproblem, als auch das Idealgleichheitsproblem zu lösen, was uns in Korollar 4.1 und Korollar 4.2 gelungen ist. In Abschnitt 2 haben wir erwähnt, dass wir damit auch einen Grundstein zum Lösen von algebraischen Gleichungen gelegt haben.

Wir haben gesehen, dass jedes Ideal $I \neq \{0\}$ in $\mathbb{K}[T_1, ..., T_n]$ endlich erzeugt werden kann und eine Gröbnerbasis besitzt, welche I erzeugt. Mit dem Buchberger-Kriterium können wir überprüfen, ob ein Erzeugendensystem bereits eine Gröbnerbasis ist. Falls dies nicht der Fall ist, können wir mit Hilfe des Buchberger-Algorithmus eine Gröbnerbasis berechnen, indem wir unser gegebenes endliches Erzeugendensystem systematisch ergänzen. Damit ist gewährleistet, dass wir zu jedem Ideal eine Gröbnerbasis finden können. Genauer noch, wir können sogar eine eindeutige reduzierte Gröbnerbasis bestimmen. Gröbnerbasen $(g_1, ..., g_t)$ haben u. a. die schöne Eigenschaft, dass wir bei Durchführung einer Polynomdivision in mehreren Veränderlichen mit Rest von einem Polynom f geteilt durch $g_1, ..., g_t$ ein eindeutiges Ergebnis erhalten, nämlich $f = q_1 g_1 + ... + q_s g_s + r$, wobei keiner der Leitterme der g_i ein Teiler von r ist.

Diese speziellen Eigenschaften von Gröbnerbasen sind für viele Fragen der Algebra und Geometrie von großer Wichtigkeit.

Bruno Buchberger wurde 1965 für seine Ergebnisse mit der Fields Medaille – dem höchsten Preis in der Mathematik – ausgezeichnet.

Literatur

[1] Joachim V. Z. GATHEN, Jürgen GERHARD: *Modern Computer Algebra*, Cambridge University Press, 1999, ISBN 0 521 64176 4, Kapitel 21

[2] Silke HARTLIEB, Luise UNGER: *Algebra und ihre Anwendungen*, Kurstext der FernUniversität in Hagen, 2016, Kapitel 11

Anhang

A Quellcode

Im Anhang sollen noch zwei selbst programmierte Prozeduren mit dem Computer-Algebra-System Maple vorgestellt werden. Verwendet wurde die Version „Maple 2015 Student Edition". Dabei wird das Paket *with(Groebner)* geladen, um auf die Berechnung der Leitkoeffizienten sowie des S-Polynoms (8) zurückzugreifen. Maple selbst liefert bereits den Befehl *Basis*, der eine Gröbnerbasis bestimmt, zum Vergleich ist dies jedoch nur bedingt geeignet, da *Basis* die reduzierte Gröbnerbasis ausgibt, während unsere Prozedur eine beliebige Gröbnerbasis berechnet.

A.1 Verallgemeinerter Divisionsalgorithmus

with(Groebner):

```
1    Divi := proc (g, f:: list, m)
     # Eingabe: Polynome 0 ≠ g, f₁, ..., fₛ ∈ K[T₁, ..., Tₙ] und eine Monomordnung ≺.

     # Initialisierung:
2      local l, lt, r, p, q, i, j;
3      r := 0;
4      i := 1;
5      p := g;
6      q := [seq(0, j = 1..nops(f))];
7      l := [seq(LeadingMonomial(f[j], m)*LeadingCoefficient(f[j], m), j = 1..nops(f))];

8      while i ≤ nops(f) do
9          if p ≠ 0 then
10             lt := LeadingMonomial(p, m) * LeadingCoefficient(p, m);
11             if divide(lt, l[i]) = false then
12                 if i = nops(f) then
13                     r := r + lt;
14                     p := simplify(p − lt)
15                 else i := i + 1
16                 end if
17             elif divide(lt, l[i]) = true then
18                 q[i] := q[i] + lt/l[i];
19                 p := simplify(p − lt * f[i]/l[i]);
20                 i := 1
21             end if
22         elif p = 0 then
23             return q, r + p
```

Ausgabe: Polynome $q_1, ..., q_s$ und $r \in \mathbb{K}[T_1, ..., T_n]$ mit $g = q_1 f_1 + ... + q_s f_s + r$, wobei keiner der Leitterme der f_i ein Teiler von r ist, für $i \in \{1, ..., s\}$.

```
24      end if;
25   end do;
26   end proc;
```

A.2 Buchberger-Algorithmus

Diese Prozedur greift auf den Divisionsalgorithmus Divi aus A.1 zu. Es ist dabei jedoch nur der Rest r, also der zweite Eintrag von Divi von Interesse.

```
1    BBA := proc(f :: list, m)
     # Eingabe: Polynome 0 ≠ f₁, ..., fₛ ∈ K[T₁, ..., Tₙ] und eine Monomordnung ≺.
```

$1 \quad BBA := \textbf{proc}(f :: \textbf{list}, m)$
\# **Eingabe:** Polynome $0 \neq f_1, ..., f_s \in \mathbb{K}[T_1, ..., T_n]$ und eine Monomordnung $\prec$.

\# Initialisierung:

$2 \quad \textbf{local } i, j, G, F, S, Srem, M;$

$3 \quad G := f;$

$4 \quad M := \{\};$

$5 \quad \textbf{while } G \neq F \textbf{ do}$

$6 \qquad F := G;$

$7 \qquad \textbf{if } 1 < \textbf{nops}(F) \textbf{ then}$

$8 \qquad\qquad \textbf{for } i \textbf{ to nops}(F) - 1 \textbf{ do}$

$9 \qquad\qquad\qquad \textbf{for } j \textbf{ from } i + 1 \textbf{ to nops}(F) \textbf{ do}$

$10 \qquad\qquad\qquad\qquad \textbf{if member}([i, j], M) = \textbf{false then}$

$11 \qquad\qquad\qquad\qquad\qquad S := \textbf{SPolynomial}(F[i], F[j], m);$

$12 \qquad\qquad\qquad\qquad\qquad Srem := \text{Divi}(S, F, m)[2];$

$13 \qquad\qquad\qquad\qquad\qquad \textbf{if } Srem \neq 0 \textbf{ then}$

$14 \qquad\qquad\qquad\qquad\qquad\qquad G := [\textbf{op}(G), Srem];$

$15 \qquad\qquad\qquad\qquad\qquad\qquad M := \textbf{union}(M, [i, j])$

$16 \qquad\qquad\qquad\qquad\qquad \textbf{end if};$

$17 \qquad\qquad\qquad\qquad \textbf{end if};$

$18 \qquad\qquad\qquad \textbf{end do};$

$19 \qquad\qquad \textbf{end do}$

$20 \qquad \textbf{else return } G$

$21 \qquad \textbf{end if};$

$22 \quad \textbf{end do};$

$23 \quad \textbf{return } G$

\# **Ausgabe:** eine Gröbnerbasis $G = (g_1, ..., g_t)$.

$24 \quad \textbf{end proc};$

B Beispiele

Wir testen die erste Prozedur zunächst an Hand von Beispiel 3.2. Maple kennt die Monomordnungen $\prec_{lex}$ als $plex(T_1, ..., T_n)$, $\prec_{grlex}$ als $grlex(T_1, ..., T_n)$ und $\prec_{grevlex}$ als $tdeg(T_1, ..., T_n)$. Wobei die eingegebene Reihenfolge der T_i entscheidend ist; für Maple ist es irrelevant wie diese heißen, sie werden weder nach aufsteigenden Indizes noch alphabetisch geordnet. Wie man sieht, führt ein und dieselbe Aufgabe zu unterschiedlichen Ergebnissen, je nachdem, in welcher Reihenfolge man die Teiler angibt. Die anschließende Probe zeigt jedoch, dass beide Ergebnisse richtig sind:

$\mathrm{Divi}(x^2 * y + x * y^2 + y^2, [x * y - 1, x^2 - 1], plex(x, y));$

$$[x + y, 0], y^2 + x + y$$

$\mathrm{Divi}(x^2 * y + x * y^2 + y^2, [x^2 - 1, x * y - 1], plex(x, y));$

$$[y, y], y^2 + 2y$$

$\mathbf{simplify}((x + y) * (x * y - 1) + y^2 + x + y);$

$$x^2 * y + x * y^2 + y^2$$

$\mathbf{simplify}(y * (x^2 - 1) + y * (x * y - 1) + y^2 + 2 * y);$

$$x^2 * y + x * y^2 + y^2$$

Jetzt testen wir den Buchberger-Algorithmus. Das Ergebnis ist, wie wir wissen, nicht eindeutig. Es lässt sich leicht erkennen, dass die gewählte Monomordnung nicht unerheblich für den Rechenaufwand ist; die erste ausgegebene Gröbnerbasis besitzt nur drei, die anderen beiden je fünf Elemente:

$G := \mathrm{BBA}([x^2 * x - 2 * x * y, x^2 * y - 2 * y^2 + x], plex(y, x));$

$$[x^3 - 2 * x * y, x^2 * y - 2 * y^2 + x, x^2]$$

$\mathrm{BBA}([x^2 * x - 2 * x * y, x^2 * y - 2 * y^2 + x], tdeg(y, x));$

$$[x^3 - 2 * x * y, x^2 * y - 2 * y^2 + x, -x^2, 2 * x * y, 2 * y^2 - x]$$

$\mathrm{BBA}([x^2 * x - 2 * x * y, x^2 * y - 2 * y^2 + x], grlex(y, x));$

$$[x^3 - 2 * x * y, x^2 * y - 2 * y^2 + x, -x^2, 2 * x * y, 2 * y^2 - x]$$

Die Probe führen wir hier nur für das erste Beispiel vor. Dabei benötigen wir wieder nur den zweiten Eintrag von Divi, den Rest.

$\mathrm{Divi}(SPolynomial(G[1], G[2], plex(y, x)), G, plex(y, x))[2];$

$$0$$

$\mathrm{Divi}(SPolynomial(G[1], G[3], plex(y, x)), G, plex(y, x))[2];$

$$0$$

$\mathrm{Divi}(SPolynomial(G[2], G[3], plex(y, x)), G, plex(y, x))[2];$

$$0$$

Die Probe bestätigt, dass (9) erfüllt ist, also eine Gröbnerbasis vorliegt. An dieser Stelle wäre es interessant, weiter zu testen, ob eine bestimmte Monomordnung eher zu kleineren Gröbnerbasen führt als eine andere und damit bevorzugt zu verwenden wäre.